見学! 日本の大企業
キッコーマン

編さん／こどもくらぶ

ほるぷ出版

はじめに

　会社には、社員が数名の零細企業から、何千・何万人もの社員が働くところまで、いろいろあります。社員数や資本金（会社の基礎となる資金）が多い会社を、ふつう大企業とよんでいます。

　日本の大企業の多くは、明治維新以降に日本が近代化していく過程や、第二次世界大戦後の復興、高度経済成長の時代などに誕生しました。ところが、近年の経済危機のなか、大企業でさえ、事業規模を縮小したり、ほかの会社と合併したりするなど、業績の維持にけん命です。いっぽうで、好調に業績をのばしている大企業もあります。

　企業の業績が好調な理由のひとつは、独創的な生産や販売のくふうがあって、会社がどんなに大きくなっても、それを確実に受けついでいることです。また、業績が好調な企業は、法律を守り、消費者ばかりでなく社員のことも大切にし、環境問題への取りくみや、地域社会への貢献もしっかりしています。さらに、人やものが国境をこえていきかう今日、グローバル化への対応（世界規模の取りくみ）にも積極的です。

　このシリーズでは、日本を代表する大企業を取りあげ、その成功の背景にある生産、販売、経営のくふうなどを見ていきます。

★

　みなさんは、将来、どんな会社で働きたいですか。

　大企業というだけでは安定しているといえない時代を生きるみなさんには、このシリーズをよく読んで、大企業であってもさまざまなくふうをしていかなければ生き残っていけないことをよく理解し、将来に役立ててほしいと願います。

　この巻では、しょうゆなどを生産する食品メーカーとして国内と世界で大きなシェアをほこる、キッコーマンについてくわしく見ていきます。

目次

1. 世界一のしょうゆブランド ………… 4
2. キッコーマンの設立──8家が合同 ………… 6
3. ナショナルブランドをめざして ………… 8
4. 物資不足をのりこえて ………… 10
5. 戦後の再出発 ………… 12
6. アメリカにしょうゆを広める ………… 14
7. さらに世界へはばたく ………… 16
8. 消費者の声にこたえる ………… 18
9. 容器とパッケージのひみつ ………… 20
10. しょうゆ関連調味料の進化 ………… 22
11. 多角化への挑戦──トマトとワインに取りくむ ……… 24
12. より高い品質をめざして ………… 26
13. キッコーマンの研究開発 ………… 28
14. キッコーマンのブランド戦略 ………… 30
15. キッコーマンの社会活動 ………… 32

資料編❶ しょうゆができるまで ………… 34
資料編❷ しょうゆ産業の現在 ………… 36

● さくいん ………… 38

1 世界一のしょうゆブランド

しょうゆは日本の代表的な調味料。
和食のためのものと思われていたしょうゆを、
さまざまな国の料理にあう調味料にしたのが、
世界でみとめられているブランド、キッコーマンだ。

「キッコーマン」はしょうゆの代名詞

食品を発酵させてつくられる調味料は、日本だけでなく中国や東南アジアの国ぐにで、人びとの生活にとけこんでいます[*1]。そのなかでも日本のしょうゆは、さまざまな国の料理にコクと風味を加える万能の調味料として人気があり、いまでは世界の100以上の国と地域で利用されています。英語ではJapanese soy sauceといわれますが、それよりもKIKKOMANといういい方のほうが通用することが多いほど、キッコーマンは世界で最も有名な日本のしょうゆのブランドです[*2]。

[*1] 中国には醤（肉、魚、果実、穀物などを発酵させてつくったミソやしょうゆの総称）、東南アジアには、タイのナンプラーなどの魚醤（魚介類をおもな原料にした液体状の調味料）がある。

[*2] 中国やアジア各国、南米などでも、独自のしょうゆが生産されている。キッコーマンの日本国内でのシェア（市場占有率）は約26％、アメリカ国内の家庭用では60％弱とされる。

しょうゆのルーツとキッコーマンのルーツ

日本のしょうゆのもととなったのは、中国の醤という食品で、日本では「醤」とよばれました。大豆や麦こうじなどを材料としたみそのような食品である醤をつくる過程で、鎌倉時代（1185年

◂ キッコーマンの150mL卓上しょうゆ。日本製（右）と、オランダ製（中央）、アメリカ製（左）。1961（昭和36）年にデザインされたこの卓上びんは、現在も世界じゅうで使用されている。

見学！日本の大企業 キッコーマン

▲野田は江戸川の流域にあって、船で江戸へ直行できた。

ごろ～1333年）に液体のしょうゆがあらわれたとされます。江戸時代（1603～1868年）になり、江戸（いまの東京）が100万以上の人びとがくらす大都市に発展するとともに、関東地方でしょうゆづくりがさかんになりました。なかでも下総国野田（いまの千葉県野田市）は、周辺からしょうゆの原料となる大豆と小麦を、さらに近くを流れる江戸川を利用して塩も入手しやすい立地にありました。江戸川は船便で江戸に製品を運ぶのにも好都合だったため、野田はしょうゆづくりの拠点となっていきました。

「キッコーマン」のルーツは、1917（大正6）年に、江戸時代からしょうゆづくりをつづけていた野田と、そのすぐ南に位置する流山の8つのしょうゆ醸造＊家が合同で設立した「野田醤油株式会社」です。野田醤油はその後、社名を「キッコーマン醤油株式会社」（1964年）、さらに「キッコーマン株式会社」（1980年）と改め、現在にいたります。

＊大豆、小麦などの原料を発酵させて、しょうゆをつくること。清酒、みそなども醸造でつくられている。

キッコーマンのつよみ

日本国内でしょうゆを製造するメーカーは、2012（平成24）年現在、千数百社ありますが、キッコーマンをふくむ大手5社で、国内生産量の約半分をしめています。そのなかでキッコーマンは、トップの座をずっと守ってきました。

キッコーマンは海外へもいちはやく進出し、1957（昭和32）年にアメリカで販売会社を設立したのを皮きりに、ヨーロッパやアジアにも進出しました。現在、海外での売上高は会社全体の売上の57％をしめています（2015年度）。

しかし、事業には順調な時期もあれば、そうでない時期もありました。第二次世界大戦（1939～1945年）の戦中から戦後にかけては原料が極端に不足しました。また、戦後、日本人の食生活が和風から洋風に変化していくなかで、しょうゆの消費量はへってきています。それでもキッコーマンは、高品質のしょうゆを提供するという信念をもって、新たな技術で商品開発を進めることで、しょうゆ産業を引っぱっているのです。

キッコーマン ミニ事典

ソイ・ソースの由来

しょうゆは、英語でsoy sauceと表記される。これは、しょうゆの原料である大豆（soy bean）から生まれたソースという意味。しかし、しょうゆがヨーロッパにわたるようになった時期（1700年代）に、ヨーロッパには大豆が存在していなかった。だから、実はsoyということば自体が「しょうゆ」の音が変化したものではないかと考えられている。そして、soyはしょうゆを意味すると同時に、原料である大豆のことも意味するようになった。そのまぎらわしさをなくすために、しょうゆをsoy sauce、大豆をsoy bean（しょうゆの豆）とよぶようになったのだ。

▶アメリカで販売されているキッコーマンしょうゆ。ラベルにSoy Sauceと書かれている。

2 キッコーマンの設立──8家が合同

江戸から明治に時代が変わり、しょうゆ醸造業の近代化をめざして
野田と流山のしょうゆ醸造家たちが、合同して会社をつくることを決めた。

◢ 江戸時代の野田のしょうゆ

江戸時代初期に、水と原料がそろった野田の地に古くから住む茂木家と高梨家が、それぞれにしょうゆ醸造業をはじめ、家単位の醸造家として独自の銘柄（ブランド）のしょうゆをつくりました。

当時はまだ、江戸の人びとは、関西地方でつくられたしょうゆ（「下り*しょうゆ」とよばれていた）をおもに消費していました。野田と流山の醸造家たちは、江戸っ子の好みにあうしょうゆを開発し、関西のしょうゆに対抗しました。江戸時代後期（1800年代）になると、江戸に流通したしょうゆのうち関東産のものが9割以上になったといいます。

野田と流山の醸造家たちにとっては、同じ関東の銚子などの醸造家もライバルでした。川を利用した流通で有利だった野田は、じょじょに関東一、そして全国一のしょうゆ生産地になっていきます。品質の点でも、野田のしょうゆは、徳川幕府から「最上醤油」とみとめられました。

*京の都（京都）から地方に行くことを、「下る」といいあらわした。

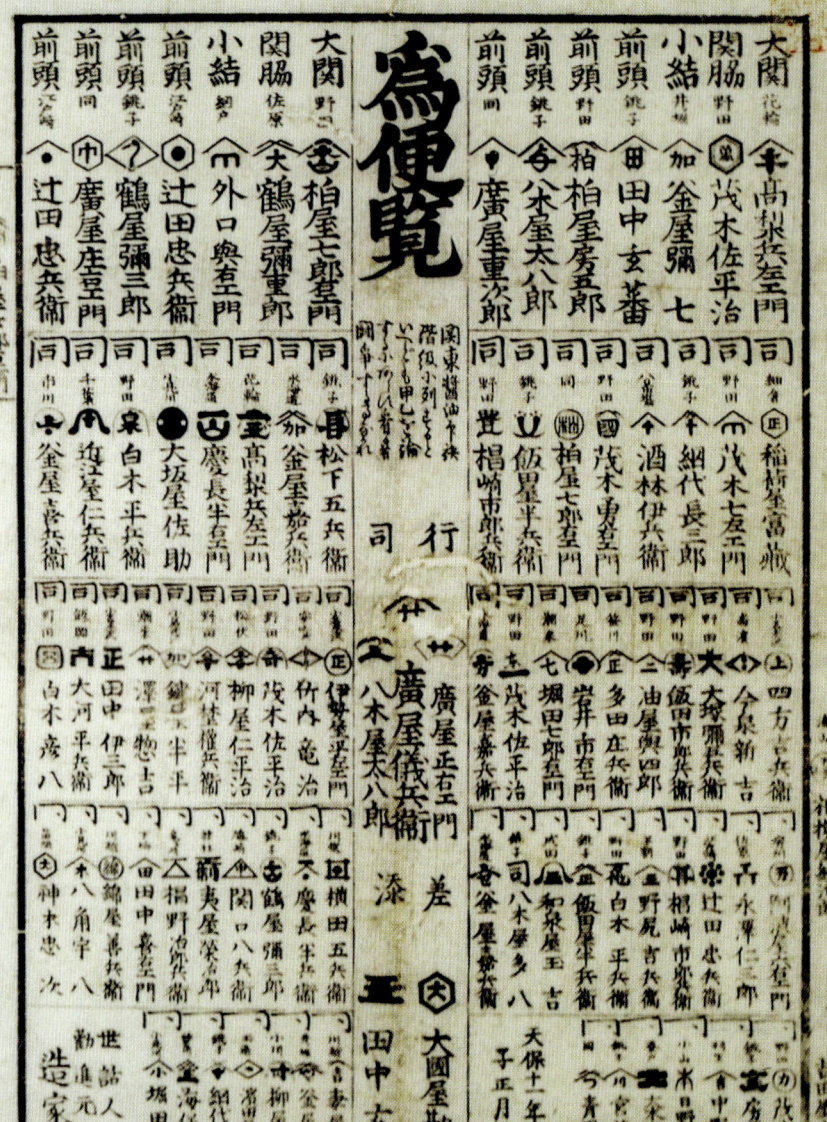

◀1840（天保11）年の「醤油番付」。しょうゆ醸造家をすもうの番付で表した。大関が最上位となっている番付には、野田の醸造家の名まえが多く見られる。

見学！日本の大企業 キッコーマン

海外での評判

日本のしょうゆは鎖国*がおこなわれていた江戸時代でも、陶器製の「コンプラびん」といわれる容器で、オランダに輸出されていました。1700年代後半には、スウェーデンの医師が、「日本のしょうゆは中国のものよりはるかに上質」と記録しています。また1772年に完成したフランスの『百科全書』には「しょうゆ」の項目があり、「すべての肉料理の風味を引きだしてくれる」と紹介されました。

1873（明治6）年になると、茂木家7代目の当主、茂木佐平治が、オーストリアのウィーンで開かれた万国博覧会に「亀甲萬」印のしょうゆを出品しました。その後、オランダ・アムステルダム博覧会、フランス・パリ万国博覧会などで、いずれも高い評価を得ました。

▲江戸時代に長崎から輸出されたしょうゆのコンプラびん。JAPANSCHZOYA（日本のしょうゆ）と書かれている。

*日本人の海外交通を禁止し、外交と貿易を制限した対外政策。1641年から200年ほどつづいた。そのあいだ、オランダと中国とは通商関係があり、李氏朝鮮と琉球王国（いまの沖縄にあった国）とも交流していた。

8家の当主が合同して会社設立

明治時代（1868〜1912年）の東京では、武士の世が終わり、地方の大名と家来たちがいなくなった影響で、人口が減少し、しょうゆの需要も大はばにへりました。しかし、野田と流山の醸造家たちは組合をつくって協力しあい、技術改良で品質の向上をめざすなどして生産量の確保につとめました。

その後、日本全体の人口が増加するにつれ、しょうゆの需要はのびはじめます。そのころ日本各地では、家単位の経営をあらため、会社制度を取りいれることで生産力や競争力をつよめようという動きが出ていました。野田と流山の醸造家8家の当主たちはそのような情勢のもとで結束をさらにつよめ、合同して会社をつくることにしました。

こうして1917（大正6）年10月19日、「野田醤油株式会社」が設立されました。設立当初は多くのブランドがありましたが、その後キッコーマンに統一していきました。（「キッコーマン」は代表的なブランド名であり、のちには社名にもなった。この本では以降、社名を「キッコーマン」と表記する。）

▲▶設立当時の役員たち（上）と本店社屋（右、1926〔昭和元〕年ごろ）。

3 ナショナルブランドをめざして

キッコーマンは、関東・関西に工場を新設し、ナショナルブランドになることをめざした。また、経営理念をしめし、雇用環境の改善にもつとめた。

社会に奉仕する会社

野田醤油株式会社の設立から数年たった1925（大正14）年6月に、『訓示』が発表されました。これは、会社は社会に奉仕するために存在するのだということを従業員に認識させ、醸造家のあいだできそいあうのではなく、会社をひとつにまとめようとするものでした。そこにはこうあります。

「事業が拡張することは、社会への影響が大きくなることであり、社員の行動一つひとつに社会的責任がある。」「力をいれてもろみをまぜるのも、ソロバンで計算するのも、多くの人の幸福と生産を増すことにつながることを自覚してほしい。」（現代語訳を要約）

近代的な工場の建設

会社ができても、しばらくは、醸造家たちはそれぞれの蔵で独自のしょうゆをつくっていましたが、「キッコーマン」ブランドに統一することで意見が一致します。そして「キッコーマン」ブランドのしょうゆを生産するために新工場を建設し、同時にそれぞれの蔵でも「キッコーマン」をしこみはじめました。1926（大正15）年に第17工場（いまの野田工場製造第1部）が完成すると、工場と蔵とをあわせて、全出荷量はそれまでの1.5倍になりました。

キッコーマンが次にめざしたのは関西地区への進出です。関東につぐ人口をもつ関西地区に工場

▲野田醤油株式会社合併の訓示。

▶完成した第17工場を見学する人びと。

を建設して製品を販売することは、「キッコーマンをナショナルブランド（全国的な知名度をもつブランド）にする」という会社の目的の達成に欠かせないと考えたのです。1931（昭和6）年10月にいまの兵庫県高砂市に完成した関西工場は、最新鋭の技術が取りいれられました。この工場は現在でも、高砂工場として西日本の生産拠点となっています。

最長のストライキ

このころは社会問題に対する人びとの意識が高まっており、労働者の権利を守ろうとする労働運動もさかんになっていました。会社と従業員のあいだに、むかしながらの関係が残っていたキッコーマンでも、1919（大正8）年にはじめてストライキ*が決行されました。1927（昭和2）年9月にはじまったストライキは218日間におよび、戦前では最長のものとなりました。

この長いストライキを経験したキッコーマンは、その後、労働条件などの改善に積極的に取りくみ、従業員の宿舎建設など環境整備にもつとめました。8時間労働、休日出勤手当、ボーナス、健康保険組合など、現代に通じる制度をいちはやく採用し、近代的な会社としての体制づくりを進めました。

*昇給などの労働条件の改善をめざして、労働者が団結して業務を停止すること。

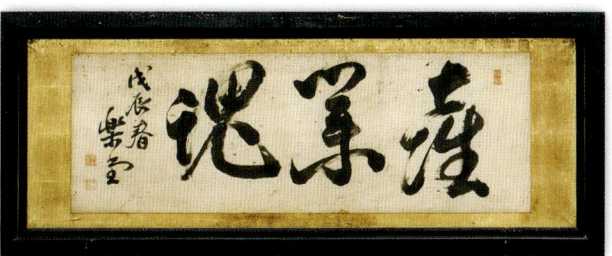

▲「産業魂」の額。最長のストライキが終結したあと、1928（昭和3）年6月に会社の基本理念が定められた。「会社は単に利益を追い求めるのではなく、社会と国家に対する公共の義務を負っている。雇用者と労働者は戦う相手ではなく、人間として尊敬しあうべきだ」（現代語訳を要約）とする理念を「産業魂」と名づけた。

キッコーマン ミニ事典

船便から鉄道へ

かつて野田では、しょうゆを東京に運ぶのにおもに船便をつかっていた。野田醤油醸造組合は、キッコーマンの設立数年前に船便にたよる不便さを県にうったえ、いまのJR常磐線柏駅から野田まで鉄道をしいてもらった。この鉄道は1921（大正10）年に北総鉄道にはらい下げられ、その後じょじょに延長された。北総鉄道は、1944（昭和19）年に東武鉄道に合併され、千葉県の船橋駅から野田市駅を経由して埼玉県の大宮駅までを結ぶ東武鉄道野田線となった。いまでは地元住民の通勤・通学にも利用されている。

▲東武野田線の路線図。

▶1928（昭和3）年11月6日の昭和天皇即位式にあたって献上された、たるづめのしょうゆ。このころはまだたるづめが主流で、その後びんづめや合成樹脂の容器に変わった。たるづめしょうゆは1970（昭和45）年までつくられた。

4 物資不足をのりこえて

戦争のため、日本じゅうで物資が不足し、国民は食糧難に苦しんだ。しょうゆ業界はさまざまなアイデアで原料不足をおぎない、そのなかから戦後につながる技術も生まれた。

高品質の製品づくりがピンチに

キッコーマンが株式会社となってから3年目の1920（大正9）年には、第一次世界大戦後の不況が日本をおそいました。さらに1923（大正12）年には関東大震災がおこり、東京が大打撃を受けました。このようななかでも、キッコーマンは堅実な成長をつづけていました。

1937（昭和12）年に中国との戦争がはじまってから第二次世界大戦の終戦（1945年）までの年月は、物資も食糧も不足して、多くの国民は苦しい生活にたえなければなりませんでした。そんななか、しょうゆも原料調達が困難になり、キッコーマンは、高い品質のしょうゆを提供するという経営姿勢を根本からゆるがされました。

▼丸大豆。

丸大豆から脱脂加工大豆へ

物資不足のなか、キッコーマンをはじめとしたしょうゆ醸造会社では、原料にくふうをこらしました。大豆そのもの（丸大豆という）でなく、大豆から油分をしぼったあとの脱脂加工大豆を用いるようになったのです。この変更は、結果として、のちのしょうゆ製造に大きな影響をあたえます。

脱脂加工大豆を使用するしょうゆ醸造法は、うま味成分であるアミノ酸のもととなる大豆のタンパク質を、効率よく活用するために考案されました。丸大豆の20％をしめる油分を先にとり除くので、タンパク質が分解しやすくなるのです。現在でも、しょうゆの原料の80％が脱脂加工大豆となっています。

代用原料をつかう

1941（昭和16）年12月にアメリカとの戦争がはじまってからは、脱脂加工大豆も国民の食料に利用されることが多くなり、産業用は手に入りにくくなりました。そこで利用されたのが、ココナツの果肉を乾燥させたコプラミールや、各種の豆かす、ゴマかすなどの代用原料です。キッコーマンは、原料の配合比率をくふうしながらしょうゆ製造をおこない、その組みあわせは、一時は200種類にもおよんだといいます。

見学！日本の大企業 キッコーマン

▲脱脂加工大豆。

アミノ酸しょうゆときそう

そんななかで普及していたのが、「アミノ酸しょうゆ」です。一般的にアミノ酸しょうゆとよばれるものは、脱脂加工大豆などを化学的に分解して取りだしたアミノ酸液*を、醸造しょうゆとまぜあわせたもの（アミノ酸液混合）か、アミノ酸液100％のものをさします。原料の大豆にはうま味の目安となる窒素（→p27）分がふくまれていますが、当時の醸造しょうゆは窒素分を60％ほどしかいかしていませんでした。ところが化学的にアミノ酸液を製造すると、窒素分の80％以上をいかすことができました。アミノ酸液を使用すると、より少ない原料で同じ量のしょうゆが製造できるのです。

しかしキッコーマンは、アミノ酸液をつかった混合方式ではなく、さらに新しい醸造技術を開発することで、原料不足をのりこえようと努力しました。そして開発されたのが、最初の段階で原料の処理に化学薬品を少量つかい、しょうゆのしぼりかすを再活用して、そのあとは通常の手順で醸造する方法です。これにより、色、味、かおりともふつうのしょうゆとほとんど変わらないものができました。キッコーマンはこの方法を「新式醤油製造法」、のちに「新式1号醤油製造法」と名づけ、技術を公開しました。

*タンパク質の主要構成要素であり、うま味成分であるアミノ酸の液体を、専門に製造する業界によるもの。

キッコーマン ミニ事典
「御用醤油醸造所」

第二次世界大戦中のきびしい統制下でも、キッコーマンは脱脂加工大豆をつかわない伝統的な醸造法と設備を保存していた。それが現在、通称「御用蔵」とされる「御用醤油醸造所」。もともとは1939（昭和14）年に、宮内省（いまの宮内庁）を通じて皇室におさめるしょうゆの専用醸造所として、江戸川ぞいに建設されたもの。この蔵では、現在でもスギの木おけと国産の大豆や小麦などをつかい、むかしながらのしょうゆづくりがおこなわれていて、最高品質のしょうゆをいまではだれもが楽しむことができる。蔵は2011（平成23）年に千葉県の野田工場内に移築され、見学もできるようになっている。

▲御用蔵にある醸造用のおけ。

▼御用蔵は当初江戸川ぞいにあったが、現在は野田工場内に移築されている。

5 戦後の再出発

終戦後の復興期は、キッコーマンにとっても再出発の時期だった。それは、画期的な研究開発に取りくみ、その後の発展につながる成果があらわれた時期でもあった。

研究と技術開発の成果──新式2号

終戦後も、しょうゆ業界では原料不足がつづいており、キッコーマンは何か所かの工場を休止せざるをえませんでした。その結果、1947（昭和22）年のしょうゆ出荷量は、会社設立以来最低になってしまいました（→p14）。

そんななか、キッコーマンの研究者たちは、戦争中に開発した「新式1号醤油製造法」にさらに改良を加えた「新式2号醤油製造法」を発表しました。これは、通常1年の醸造期間を2か月程度に短縮し、しかも良質のしょうゆの製造を可能にしました。キッコーマンは、1948（昭和23）年にその特許をまたもや無償で公開。それにより、醸造しょうゆの業界全体が救われたといいます。これは新式醸造＊として広く普及しま

▲千葉県野田市のキッコーマン研究所内にある、「新式醤油記念碑」。新式醤油製造法の技術公開に対して、1950（昭和25）年に日本醤油協会から贈られた。

した。研究者たちは、その後に開発したさまざまな新技術も同様に公開し、「業界全体でさかえる」という会社の経営姿勢を世にしめしました。

＊現在は混合醸造方式とよばれている。

◀他社の人びとをまねいて、新技術を公開するようす。

見学！日本の大企業 キッコーマン

◀ キッコーマンの本社をおとずれたアップルトン女史（左から2人目）。

アップルトン女史のはたした役割

「新式2号醤油製造法」の開発の成功は、原料不足に頭をなやませる醸造しょうゆの業界に、ある転機をもたらします。

まだ物資のとぼしかった1948（昭和23）年に、連合国軍総司令部（GHQ）*1から大豆ミール*2が調味料の原料として支給されることになったのですが、これを、キッコーマンなど醸造しょうゆをつくっている業界と、一部のしょうゆの原料としてもつかわれていたアミノ酸液をつくる業界とで配分することになったのです。GHQは当初、原料を効率よくつかうアミノ酸液をつくる業界に8割を配分するとしました。しかし、当時GHQの担当官だったアップルトン女史は、キッコーマンが新式2号醤油製造法を開発したことを聞き、消費者の希望を再調査するように上司に申しでました。すると、消費者の大多数が醸造しょうゆを好むことがわかり、醸造しょうゆ業界とアミノ酸液をつくる業界との話し合いの結果、醸造しょうゆ業界に7割が配分されることになりました。醸造しょうゆは危機をまぬがれたのです。アップルトン女史はみずからもしょうゆでステーキソースをつくり、お客にふるまうほどのしょうゆ愛用者だったといいます。

*1 第二次世界大戦後、アメリカ政府が占領政策をおこなうために、日本に設置した機関。
*2 脱脂加工大豆をさらに粉にしたもの。おもに家畜のえさにつかわれる。

キッコーマン ミニ事典
野田キッコの登場

「最上醤油」（→p6）の伝統をもったキッコーマン・ブランドは、戦時中、配給制度のために一般の消費者には手に入りにくくなっていた。終戦後、自由販売になるにあたり、キッコーマンは1949（昭和24）年、新聞に広告を掲載した。そして、若い人たちに受けいれてもらおうと考えだされたのが、「野田キッコ」と名づけられたキャラクター。スカートにエプロンすがたの野田キッコは、その後20年にわたって、新聞広告、ポスター、パンフレットなどに登場し、キッコーマンと台所を結びつける役目をはたした。

▼1950（昭和25）年1月、野田キッコは、キッコーマンソースの新聞広告にはじめて登場した。

6 アメリカにしょうゆを広める

しょうゆを海外へ広めようという動きは、キッコーマンの会社設立以前からあった。戦争前後の困難な時期をへて、大市場であるアメリカへの本格的な進出をはたし、世界的なブランドへとキッコーマンは成長した。

戦前、戦中、戦後

キッコーマンでは戦前に、アメリカ本土、ハワイ、中国など、日本人と日系人[*1]が住む地域にしょうゆを輸出していました。戦争中は中国、満州国[*2]、韓国、シンガポール、マレーシアのクアラルンプールなどがおもな市場となりました。しかしそれらの地域にあった現地生産工場は、終戦とともにすべて手ばなすことになってしまいます。

戦後、輸出が許可された1949（昭和24）年に、アメリカやカナダの日系人向けの輸出が再開されましたが、キッコーマンの輸出量は戦前の10％ほどでした。しかし、その後日本からのしょうゆの総輸出量がふえていくと、その70％以上を、キッコーマンが製造するしょうゆがしめることになっていきます。

[*1] 日本以外の国に移住して、その国の国籍または永住権を得た日本人と、その子孫。
[*2] 1932年、中国東北部を占領した日本が、清朝の皇帝「溥儀」を元首にすえ建国した傀儡国家。1945年の日本の敗戦で消滅した。

●キッコーマンの輸出量（単位：kL）

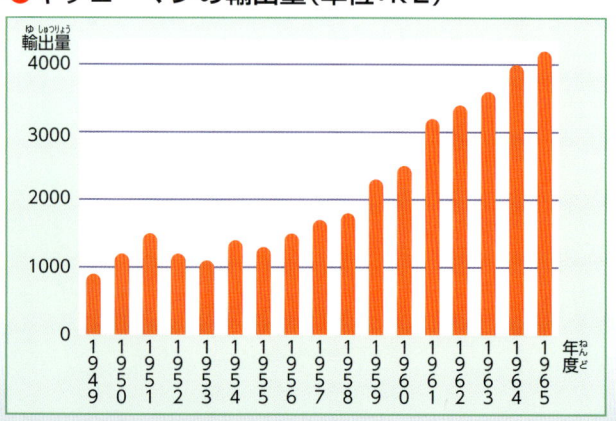

アメリカ市場へ

キッコーマンは、1957（昭和32）年にアメリカ西海岸のサンフランシスコに販売会社を設立したのをきっかけに、全米への進出をめざすようになっていきました。

最初、しょうゆはアメリカ人にとってなじみのうすい調味料でした。しかし彼らの食事にあう料理法を紹介するなどして、じょじょに理解を広めていきました。またそのころすでに、スーパーマーケットで食品などが大量に販売されるようになっていたアメリカ社会にあって、大手スーパーでしょうゆを販売してもらえるようにつとめました。その結果、1956（昭和31）年から10年間で、キッコーマンのしょうゆ輸出量は3倍近くになりました。

メード・イン・アメリカのキッコーマン

輸出が順調にのびていたので、キッコーマンはいよいよアメリカでの現地生産にふみきります。アメリカに工場を建設する場合、建設費などで、当時の資本金36億円を上回る投資額が必要でした。しかし、当時の国内のしょうゆ市場とくらべると、アメリカは大きく成長する可能性がありました。また、運送費が大はばにへり、関税[*3]がなくなるという利点もありました。

[*3] 輸入品にかけられる税金。

見学！日本の大企業 キッコーマン

▲◀ アメリカ最初の工場を建設した、ウィスコンシン州ウォルワースの位置（左）と、キッコーマンの進出を歓迎するウォルワースの町なかの横断幕（上、1973年6月）。

現地調査の結果、五大湖のひとつミシガン湖にほど近いウィスコンシン州ウォルワースを建設地と定めました。日本の企業がアメリカ国内で大規模な工場を建設することは、ほとんどない時代でした。キッコーマンは、現地の人びとと対話をして理解を求め、ていねいに計画を進めました。

1973（昭和48）年6月16日、「キッコーマン・フーズ・インコーポレーテッド（KFI）」の工場がオープンしました。当時の社長茂木啓三郎は式典で、「この工場はキッコーマンのアメリカ工場ではなく、アメリカのキッコーマン工場だ」とのべ、現地にとけこむ意志をしめしました。

▼現在のアメリカ・ウィスコンシン州のKFI工場。

キッコーマン ミニ事典
日本ブームと「Teriyaki」ソース

1958（昭和33）年ごろから、アメリカで「日本ブーム」といわれる現象がおこり、着物、華道、柔道などの日本文化に対する人びとの関心が高まった。そのなかから誕生し、しょうゆ販売量ののびに貢献したのが「Teriyaki」だ。

日本ではおもにたれをつけながら魚を焼いたものを「照り焼き」というが、アメリカでは野外バーベキューで肉を焼くときにしょうゆをつかう人がふえ、それを「Teriyaki」ソースとよんだのがはじまりとされる。「Teriyaki」はその後全世界に広まり、日本にも逆輸入された。

◀ アメリカで販売されているKIKKOMANのTeriyakiソース。しょうゆにワインやスパイス（香辛料）を加えて、肉のステーキやバーベキューにいっそうあうようにしたもの。

7 さらに世界へはばたく

キッコーマンは、海外展開を、アメリカからヨーロッパ、アジア、さらにそのほかの地域へ広げていった。
そこではつねに、工場の建設と製品の販売だけでなく、
日本と現地の食文化の融合につとめようとしてきた。

現地にとけこむ努力

1973（昭和48）年にアメリカ、ウィスコンシン州に現地生産第1号の工場を建設した（→p15）ことからはじまった、キッコーマンの海外生産ですが、気候も風土もちがう外国で日本と同じ味をつくりだすために苦労したといいます。それでも、日本からの駐在員は一生懸命に努力をして、日本と変わらない味を実現させました。さらに、地元のお祭りなどに参加して積極的に現地にとけこもうとしました。また工場で働く一般の従業員はすべて現地の人を採用しようという方針をとり、地域社会の発展にも貢献しました。

以降、工場の運営はじょじょに安定し、生産は順調にのびていきました。1983（昭和58）年には、アメリカ国内での家庭用しょうゆ市場のシェアが約47％で第1位となり、1998（平成10）年にはカリフォルニア州に第2工場をオープンさせました。キッコーマンのブランドはアメリカで市民権を得て、近年では家庭用しょうゆ販売量で60％近くのシェアを獲得しています。

ヨーロッパへ、アジアへ

ヨーロッパへの挑戦は、1970年代にドイツ国内で日本食のレストランを開くことからはじまりました。その後、ドイツ、フランス、イギリスなどに販売拠点をもうけ、1997（平成9）年には

● キッコーマングループの海外生産拠点と年間生産能力

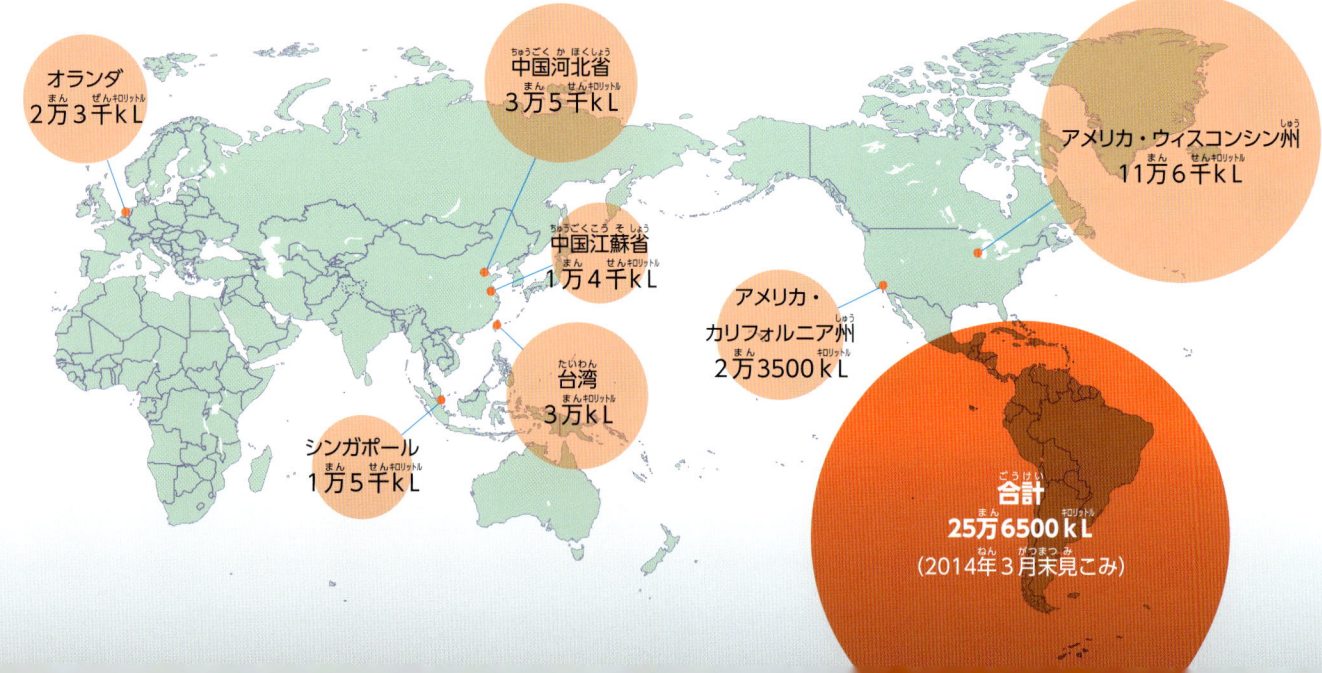

オランダ　2万3千kL
中国河北省　3万5千kL
アメリカ・ウィスコンシン州　11万6千kL
中国江蘇省　1万4千kL
アメリカ・カリフォルニア州　2万3500kL
台湾　3万kL
シンガポール　1万5千kL
合計　25万6500kL
（2014年3月末見こみ）

見学！日本の大企業 **キッコーマン**

オランダ工場をオープンします。

アジアでは、1983（昭和58）年にシンガポールに工場を建設しました。さらに1990（平成2）年には台湾工場をオープンさせ、2002（平成14）年には中国江蘇省に、2009（平成21）年には中国河北省に、それぞれ工場をオープンさせます。とくに中国や東南アジア各国ではしょうゆと同じような独自の調味料があるため（→p4）、販売と現地生産には念入りな事前調査がなされました。その後、オーストラリア、ニュージーランドなどのオセアニア地区にも販売拠点をもうけ、現在では全世界100以上の国と地域でキッコーマンしょうゆを販売しています。

各地域の食文化発展に貢献する

「こころをこめたおいしさで、地球を食のよろこびで満たします。」これは、キッコーマンがかかげている「キッコーマンの約束」です。この考え方をもとに、製品を製造、販売するだけでなく、日本と現地の食文化の融合をおし進めるキッコーマンの活動が評価され、ユニークな取りくみがなされています。次にそのいくつかを紹介します。

● アメリカでの半世紀にわたる活動が評価される

1957（昭和32）年にキッコーマンがアメリカでの販売に本格的に進出してから50年以上たち、現在ではしょうゆは家庭の味として広く親しまれている。販売拠点を最初に設立したサンフランシスコ市が、2007（平成19）年6月5日を「キッコーマン・デー」に制定。キッコーマンは市と協力して進出50周年イベントをおこなった。

● 中東のイスラエルですしコンテストを主催

キッコーマンでは日本食の魅力を伝える活動のひとつとして、中東のイスラエルで2年に1度、すしコンテストを主催している。2012（平成24）年12月に開催された第3回コンテストには、28組にのぼるプロの料理人の応募があり、来場者も約500人におよんだ。審査委員長として、懐石料理の流派である江戸懐石近茶流の伝統を受けつぐ柳原尚之氏が参加し、すしに対する情熱あふれる現地の参加者の審査と品評をおこなった。

▲▼コンテストで、すしに取りくむ各国の料理人たち（上）と、大勢がつどった会場のようす（下）。

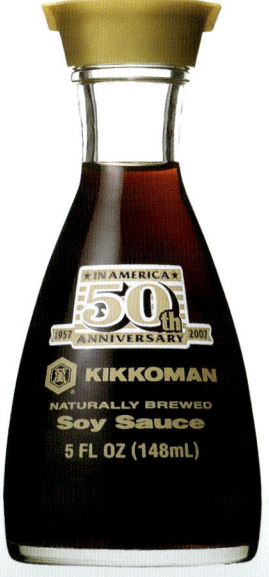

▶キッコーマンのアメリカ進出50周年を記念した商品。

8 消費者の声にこたえる

本醸造しょうゆの伝統とほこりにかけて、キッコーマンは「より良い品」「安全で安心な食品」を求める消費者の声にこたえた。それが「丸大豆しょうゆ」「減塩しょうゆ」「生しょうゆ」の開発につながった。

純粋なしょうゆを求めて

キッコーマンは高度経済成長期※に、「より良い品を、より安く、より多量に」とのスローガンのもと、しょうゆの出荷量を順調にのばしました。

しかしそのころは、パン食など食生活の洋風化が進み、伝統的な調味料であるしょうゆの消費量は、全体としてのびなやんでいました。いっぽうで、あま味やうま味を食品に加える添加物の一部に、人体に害があるとの報告があり、安全な食品を求める消費者の声が大きくなってきました。

そこでキッコーマンでは、1969（昭和44）年に「ピュア・アンド・ナチュラル」（純粋・自然）宣言を発表。これは、「純粋なもの、自然なものをおとどけする企業」に徹する決意をしめしたものです。このときに、戦後の醸造しょうゆ業界をささえた「新式2号醤油製造法」(→p12)などの化学的な原料処理法はとりやめました。

※1954（昭和29）年ごろから1973（昭和48）年ごろまで、日本経済が飛躍的に発展した時期のこと。経済成長率は年平均10％だった。

▶ますに入れられた丸大豆。

「丸大豆しょうゆ」の製造

1980年代後半（昭和60年代）にキッコーマンは、しょうゆ生産の歴史上大きな意味をもつ開発計画に取りくみます。価格を変えることなく、より良いしょうゆを開発しようと考えたのですが、ポイントは、広くつかわれてきた脱脂加工大豆ではなく、むかしながらの丸大豆をつかうことでした。しかし脱脂加工大豆からは余分な油分がとり除かれているなどの利点(→p10)があったため、丸大豆をつかった醸造に製造方法をもどすにはむずかしさがありました。しかし、丸大豆しょうゆのおいしさは科学的に証明されており、「御用醤油醸造所」(→p11)の醸造技術が戦前から受けつがれていたので、それをどのように現代の設備で効果的に生産するかが課題でした。

さまざまな問題をのりこえ、発売にこぎつけたのは1990（平成2）年5月のこと。伝統と先進技術で生みだされた「キッコーマン特選 丸大豆しょうゆ」は人気商品となり、5年間の売上目標であった100億円を2年半で達成したといいます。

◀現在販売されている、「キッコーマン特選 丸大豆 しょうゆ」。

見学！日本の大企業 キッコーマン

減塩しょうゆの開発

　キッコーマンは、1950年代後半（昭和30年ごろ）に東京大学医学部から、「塩分の少ないしょうゆを開発してほしい」と要請を受けました。高血圧などの患者さんに、塩分ひかえめの食事を提供するためでした。電気的に塩分をのぞいた「薬用しょうゆ」はすでにありましたが、うま味やかおりもへってしまうため、患者さんたちに好まれなかったといいます。要請を受けたキッコーマンは、独自の技術でしょうゆのうま味やかおりをそこなうことなく、塩分を通常のしょうゆの半分にすることに成功。「保健しょうゆ」と名づけた製品はじょじょに需要がのび、多くの病院がつかうようになりました。1967（昭和42）年には名称を「減塩しょうゆ」とあらため、1989（平成元）年には、高品質の原料をつかってうま味をいっそう引きだした「超特選 減塩しょうゆ」を、さらに1993（平成5）年には「特選 丸大豆減塩しょうゆ」を発売しました。これらは、病院だけでなく一般の消費者にも歓迎されました。

「生しょうゆ」にかける！

　キッコーマンが生しょうゆの開発に最初に取りくんだのは、1960年代前半（昭和35年～）のことでした。当時、さまざまな即席だし（化学的に製造したうま味物質）入りのしょうゆが他社から販売されていました。そのいっぽうでキッコーマンは、添加物にたよらない方針を守り、あらたな商品を開発します。それが1966（昭和41）年発売の「生しょうゆ」です。

　生しょうゆはもろみをしぼったあと、「火入れ」という加熱殺菌処理（→p35）をおこなわないしょうゆで、本来のうま味が多くふくまれています。殺菌のためには、特別なフィルターをあらたに開発しました。しかし、自然なままに近い生しょうゆは、保存期間が短いなどの課題があって、消費者になかなか浸透しませんでした。

　生しょうゆはその後、長い期間をへて、2010（平成22）年9月に「いつでも新鮮　しぼりたて生しょうゆ」としてあらたに全国販売されます。新製品は、やわらかな風味と口あたりがあり、逆流しない特別なふたのついた新しい密封容器に入れて空気にふれさせないようにしたことなどの特徴により、大ヒットしました。2011（平成23）年8月からは、食卓でさらにつかいやすくするプラスチックの2重ボトル入りも発売しました。

▼左から2010年発売の500mLパウチ入り生しょうゆ（現在は販売終了）をつかうよう、現在の生しょうゆのボトル（450mLと200mL）。空気にふれない密封容器なので、生しょうゆを常温流通させることが可能になった。

9 容器とパッケージのひみつ

しょうゆの容器は、たる、びん、そして樹脂容器へとうつり変わってきた。容器の開発でも業界をリードしてきたキッコーマンは、人びとの生活様式を変えるようなヒット商品やロングセラーを生みだしてきた。

グッドデザイン賞を受賞した卓上びん

1955（昭和30）年にキッコーマンは、従来の2Lや1.8Lに加えて、都会に住む少人数の家庭向けに1Lびんのしょうゆを発売しました。さらに、より少ない容量のしょうゆ容器を開発することで、若い人たちにもキッコーマンブランドを知ってもらうようにしようと考えました。

1961（昭和36）年に開発された赤キャップの卓上しょうゆびんは、そそぎやすく、つめかえやすいデザインで超ロングセラーとなりました。1993（平成5）年には通産省（いまの経済産業省）の「グッド・デザイン商品」に選定されています。世界的に親しまれているこの卓上しょうゆびんは、これまで国内外で計4億本以上販売され、80か国以上で利用されているといいます。

- 下を向いたそそぎ口。絶対に液だれしない大きさと角度。
- 親指から中指まででびんの首がもてることが、にぎりやすさの条件。
- しょうゆの色をより美しく見せるための透明な本体。残量もひと目でわかる。

◀ キッコーマンの代表的な卓上しょうゆ。デザインを担当した工業デザイナーは、東京都のマークや秋田新幹線「こまち号」など、多くのデザインを手がけている。

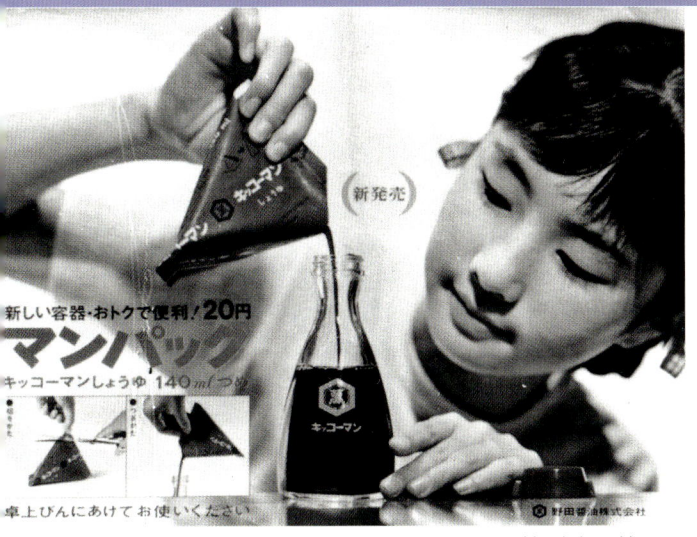
▲紙容器しょうゆのポスター。「マンパック」のよび方を最初に用いた。

見学！日本の大企業 キッコーマン

販売店が回収しなくてもすんだ、④成長期にあったスーパーマーケットでの取りあつかいが容易になった、などの理由でヒットしました。これ以降、「マンパック」の愛称と製品が定着していきます。

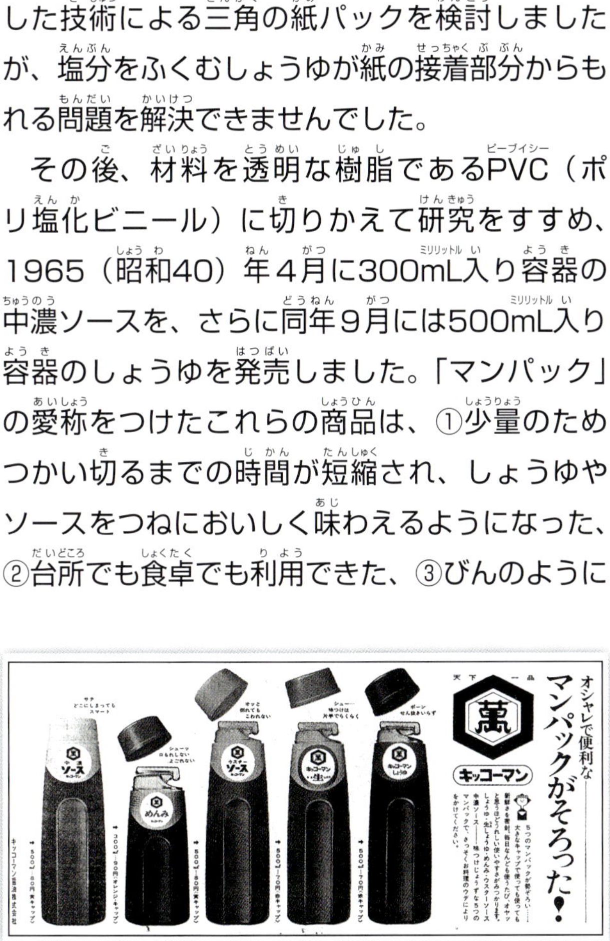

食品業界初のペットボトル導入

1970年代（昭和45年～）に入ると、PVCに発がん性物質がふくまれているとの指摘が出されました。キッコーマンではただちにあらたな容器素材としてPET（ポリエチレン・テレフタレート）の研究をはじめました。さまざまな課題を克服して実際に使用のめどがついたのは、1976（昭和51）年のこと。PETは、衝撃につよい、透明度が高い、酸素をしゃ断して製品の劣化をふせぐ、もやしても有毒ガスを発生させないなど、すぐれた特徴をもっていましたが、大型に成型するのがむずかしいという課題がありました。

1977（昭和52）年2月、キッコーマンは「500mLマンパック」しょうゆ容器のペット（PET）ボトル化に成功。食品業界初のことでした。その後、翌年4月には「1Lマンパック」もペットボトル化しました。これにより容器の軽量化が大きく前進しました。さらに、「やわらか密封ボトル」と名づけた特別な2重構造の容器を開発し、2012（平成24）年から新シリーズとして発売するなど、改善はつづいています。

紙製容器と「マンパック」

キッコーマンは、消費者のつかいやすさを考え、軽量、小型で回収の必要がない容器として、まず紙製容器に着目しました。スウェーデンから導入した技術による三角の紙パックを検討しましたが、塩分をふくむしょうゆが紙の接着部分からもれる問題を解決できませんでした。

その後、材料を透明な樹脂であるPVC（ポリ塩化ビニール）に切りかえて研究をすすめ、1965（昭和40）年4月に300mL入り容器の中濃ソースを、さらに同年9月には500mL入り容器のしょうゆを発売しました。「マンパック」の愛称をつけたこれらの商品は、①少量のためつかい切るまでの時間が短縮され、しょうゆやソースをつねにおいしく味わえるようになった、②台所でも食卓でも利用できた、③びんのように

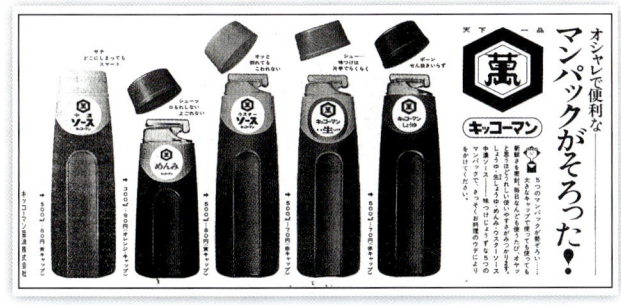
▲「オシャレで便利なマンパックがそろった！」。1965（昭和40）年の新聞広告。

▶2重ボトルの「いつでも新鮮しぼりたて生しょうゆ」。

10 しょうゆ関連調味料の進化

国内のしょうゆの需要がのびなやむ時期に、キッコーマンは、しょうゆの伝統に新しい視点と新しい技術とを加えて、しょうゆ関連調味料の分野を開拓していった。

「萬味」と「めん類用萬味」の発売

高度経済成長期(→p18)に入ると、人びとは生活がいそがしくなり、料理にあまり手間をかけないことを求めるようになります。伝統調味料のしょうゆも需要がのびなくなりました。そのころ、ほかの調味料メーカーなどが発売していた即席だしは、グルタミン酸[*1]などの成分を化学的に製造したものでした。お湯にといてしょうゆなどを加えれば、つゆやたれとしてつかえるもので、人びとの人気をよびました。

そんななかキッコーマンは、醸造製品にこだわりながらも、消費者の好みにあわせたしょうゆ関連調味料の開発をはじめます。しょうゆの延長線上にある新しい分野への挑戦でした。1959（昭和34）年には、しょうゆ加工品第1号の醸造調味料「萬味」を発売。さらに、うま味成分であるイノシン酸[*2]などを加えた「めん類用萬味」を、1961（昭和36）年に発売します。これはヒット商品となり、その後「めんみ」と名まえをあらためて長く販売されています。

▶「めんみ」1.8Lボトル。現在「めんみ」は、とくに普及した北海道での限定販売になっている。

[*1] うま味物質のひとつで、コンブのうま味として、また化学調味料「味の素」のおもな成分として有名。

[*2] うま味物質のひとつで、かつお節のうま味として有名。

▲1959（昭和34）年に発売された「萬味」のびんとラベル。

しょうゆから和風調味料の世界へ

1980年代（昭和55年～）になると、「めんつゆ」や「たれ」などの和風調味料に対する消費者の関心が急激に高まり、1994（平成6）年には、一般の家庭でしょうゆへの支出と、「つゆ」「たれ」類への支出が逆転するという状況になりました。

見学！日本の大企業 キッコーマン

　1992（平成4）年に発売した「ストレートつゆ」は、うすめることなくそうめんやそばにそのままつかえる製品で、これは東京などの都市部で販売をのばしました。1995（平成7）年には、めん類だけでなくなべ物などに広くつかえる濃縮タイプの「本つゆ」など、進化した多彩なしょうゆ関連調味料を発売していきました。

商品開発に新しい風

　「萬味」からはじまった商品の多角化は、さらに広がりを見せます。しょうゆ関連では、しょうゆにかんきつ類の果汁をあわせた「ぽんずしょうゆ」や、しょうゆにかつおやコンブなどのだしと本みりんなどの調味料をブレンドした「だししょうゆ」も広く受けいれられました。さらに、しょうゆをベースにした焼肉のたれや、「ステーキしょうゆ」も販売し、品ぞろえはどんどん多彩になっていきました。

　近年では、家庭の手づくり料理のおいしさがかんたんに楽しめる和風そうざいのもと、「うちのごはん」が人気シリーズになっています。これは、しょうゆのおいしさをつなぎ役に、野菜のだしをつかった天然のうま味でしあげた、はば広い年代に受けいれられる製品です。

▲現在販売されている「本つゆ1Lボトル」（左）と、「そうめんつゆ300mLボトル」（右）。

▶焼肉のたれ「わが家は焼肉屋さん」。「特選 丸大豆 しょうゆ」がもとになっている。

▼「うちのごはん」シリーズのラインアップ。

11 多角化への挑戦――トマトとワインに取りくむ

キッコーマンは、日本人の食生活が変化するのにあわせて、トマト加工品事業や、日本ではなじみがうすかったワイン事業に挑戦した。

トマト加工品事業のスタート

キッコーマンのトマト加工品事業は、1961（昭和36）年に「吉幸食品工業株式会社」を設立することからはじまりました。翌年には、トマトケチャップとトマトジュースの工場が長野県に完成し、さらに1963（昭和38）年1月には社名を「キッコー食品工業株式会社」*としました。その年のうちに、世界的なトマト加工品製造会社であるアメリカのデルモンテ社と手を結び、デルモンテブランドの製品を製造、販売しはじめます。

日本では当時、トマト食品製造の分野で大きなライバル社がいたため、苦しいスタートになりましたが、それでも少しずつ業績をのばしていきました。その後1990（平成2）年に、アジア・オセアニア地域でデルモンテブランドを使用する権利も取得しました。そのころには、トマト以外にも野菜やくだものの加工技術をさらに高め、タイ、中国などの外国にも生産拠点を設立。アジアやオセアニアなどに事業を展開するほどになりました。

* 1991（平成3）年7月に、「日本デルモンテ株式会社」に社名変更した。

素材を重視する

トマト加工品事業に進出して何年かたつと、トマトジュースなどを製造、販売する食品メーカーがふえてきました。他社が外国産の材料をつかって低価格を売りものにするとき、デルモンテブランドは品質にこだわって国産の素材をつかいつづけました。また、トマトなどの生産地に直結させるために、長野県や群馬県などに工場を建設しました。いまでは8000種類のトマトの品種を育成し、そのなかでも品質のよいものだけを選んで原料にしています。需要が高まり、国産トマトの生産量が足りなくなって外国産の材料を受けいれるようになっても、素材選びには十分に注意をはらって、最良の製品を生みだしているといいます。

太陽を、おいしさに。

▲デルモンテ製品販売開始以来ずっと使用されているマークと、現在のスローガン「太陽を、おいしさに」。

◀キッコー食品工業福島工場内でのトマト選別作業。1967（昭和42）年ごろ。

▶日本デルモンテが育成する、トマトの品種のひとつ。

▶現在のデルモンテ商品。

現在の日本デルモンテ株式会社は、トマトジュースやトマトケチャップだけでなく、各種野菜ジュース、キッコーマンの醸造・発酵技術と融合した乳酸菌入りの飲料などの製品を製造、販売しています。

ワイン事業に参入

キッコーマンでは以前から、同じ醸造製品である清酒などの酒類も製造していました。その技術をもとにして、トマト加工品事業と同時期にワインの製造、販売をはじめます。

国産の材料をつかった製品づくりにこだわる姿勢は、ワインでも変わりませんでした。1962（昭和37）年10月に、ブドウの産地、山梨県勝沼町（いまの甲州市）に「勝沼洋酒株式会社」を設立。「甲州ブドウは生食用で、ワイン専用のブドウではなく、中級のワインしかできない」という定評を打ちやぶるために、独自のブドウ畑をもうけ、研究をかさねました。1964（昭和39）年に「マンズ*1ワイン株式会社」に社名変更し、同年10月におこなわれる東京オリンピックに向けて製品を発売しました。

*1 「マンズ」は、旧約聖書に記述された、イスラエル人に天から神のめぐみで与えられた食物である「マナ」を意味する、フランス語の「Manne」からとった。

品質主義の追求

トマト加工品と同様に、国産の素材からはじまったワインづくりですが、ブドウの生産量が圧倒的に少ないなかで安定した製造をつづけるのは困難でした。そのため、輸入ワインとブレンドした製品をふやした結果、500円という低価格、飲みきりサイズのワインである、「マンズ・デカンタ500」などのヒット商品を生みだしました。こうして、1970年代（昭和45年～）にマンズワインの販売量は大きくのびました。

そんななか、1985（昭和60）年に問題がおこります。ヨーロッパで、不凍液*2などにつかわれる物質がワインに混入されているのが発覚し、マンズワインが輸入してブレンドしたワインにもその物質がふくまれていることが判明。マンズワインは厚生省（いまの厚生労働省）から3か月の営業禁止処分を受け、消費者からも責任を追及するきびしい声があがりました。

この事件によって、ワインをふくむ酒類全体の売上は大きく落ちこみ、親会社であるキッコーマンにも大きな影響を与えました。この事件を教訓として、キッコーマンはさらに品質改善につとめました。努力の結果、近年では品質の面で国際的な賞を受賞するまでにいたっています。

*2 自動車のエンジンなどの冷却水が凍結しないようにする液体。

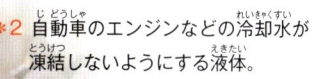
▼ワイン用の甲州ブドウ。

▲当時発売された「マンズ・デカンタ500」のロゼ。

12 より高い品質をめざして

しょうゆのおいしさは、味とかおりが複合したものだ。
キッコーマンは伝統を守るだけでなく、
挑戦者としてつねに製品の品質向上にはげんできた。
キッコーマンの発展は、研究者たちにささえられたものだった。

しょうゆは万能調味料

　しょうゆのおいしさは、「味」「かおり」「色」がひとつになったものだといいます。その「味」は、うま味のほかに、あま味、酸味、塩味（塩からさ）、にが味という5つの基本的な味が、一体となっていると考えられています。ふつうのしょうゆの塩分は16％ほど（海水の塩分3.5％の約5倍）ですが、それほど塩からく感じないのは、うま味や酸味などのいろいろな成分がバランスよくふくまれ、味をまろやかにしているからなのです。
　かおりも同じことがいえます。しょうゆのおもなかおりは醸造のときに生じるといわれますが、それには、くだものや花のかおりなど、300種類ものかおりの成分がふくまれていることが研究でわかっています。それに加えて、しょうゆ独特の美しく赤い色にも、食欲をそそる効果があるといわれます。
　しょうゆは、人がおいしさを感じられるように、さまざまな要素をあわせもった調味料なのです。

● 味の基本となる5種類の要素

あま味
酸味
うま味
塩味
にが味

● しょうゆにふくまれる代表的なかおりの成分

花のかおり
バラ
ヒヤシンス

くだもののかおり
りんご
もも
パイナップル

きのこのかおり
マッシュルーム
まつたけ

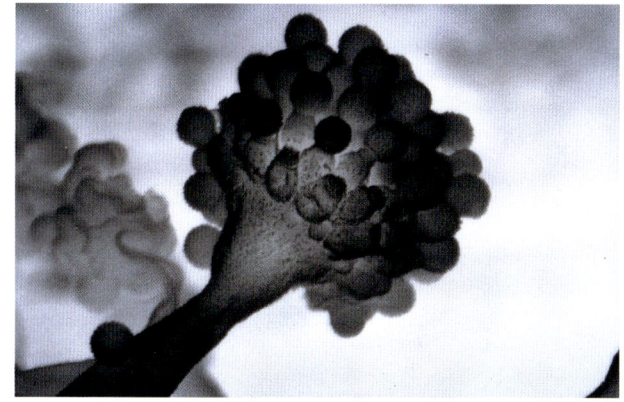

▲キッコーマン菌の顕微鏡写真。

しょうゆ醸造の決め手──キッコーマン菌

　しょうゆづくりの原料には、大豆、小麦の穀物類に加えて、食塩水とこうじ菌がつかわれます。食塩には食品の防腐作用と、味にアクセントをつける作用があります。こうじ菌はコウジカビともよばれる微生物で、しょうゆづくりのかなめとなるものです。こうじ菌は醸造の過程で酵素[*1]という物質を出し、大豆のタンパク質からアミノ酸（うま味）を、小麦のデンプンから糖（あま味）をそれぞれつくりだします。キッコーマンがしょうゆづくりのさいにつかうコウジカビの学名は"Aspergillus sojae"ですが、「ソーヤ」はもともと「しょうゆ」から出たことばです。

　キッコーマンには江戸時代から各醸造家が受けついできたこうじ菌の伝統がありました。キッコーマン・ブランドになってからは「キッコーマン菌」とよばれるこうじ菌を大切に守ってきました。さらに戦後には大豆の窒素利用率[*2]をあげるため、「キッコーマン菌」にくふうを加えたこうじ菌をつかった製品を生みだしました。たえまない品質向上の努力が、キッコーマンを世界でも有名なブランドに引きあげる原動力になっています。

---

*1 生物の細胞内でつくられるタンパク質性の触媒（化学反応のなかで、自分は反応することなく、反応をうながす物質）の総称。
*2 しょうゆの原料となる大豆には、うま味の指標となる窒素分がふくまれている。その窒素分をどれだけ引きだすかを割合でしめしたのが利用率。

見学！ 日本の大企業　キッコーマン

キッコーマン ミニ事典

官能検査とはなに？

　官能検査とは、薬品をつかったり機械をつかったりして検査する以外に、食品を実際に口にしたり鼻でかいだりして、味覚（味を感じる）、臭覚（においをかぎわける）などの感覚器官で評価する品質検査のこと。キッコーマンでは、検査員はしょうゆなどにふくまれるかおりの成分や味などを自分の感覚で判定するという。訓練をつんだ検査員がたえず官能検査を実施して、製品の品質をたもつために働いている。彼らのおかげで、同じ製品を安心してつかうことができ、さまざまな製品の味のちがいを楽しむことができるのだ。

▲品質をたもつために、専門の検査員がじっさいに確認する。

13 キッコーマンの研究開発

しょうゆは、こうじ菌の力を利用した、バイオテクノロジー製品の元祖。キッコーマンでは長年の研究で積みかさねた技術を応用し、食品以外にもさまざまな分野に挑戦している。

▶ホタルの発光原理を利用したふき取り検査器「ルミテスター」。

バイオテクノロジー研究が進む

キッコーマンでは、しょうゆ醸造でやしなった微生物技術を応用し、酵素（→p27）の研究を進め、1980年代（昭和55年～）には医薬品など、バイオテクノロジー（生物工学）*1関連の商品も販売しはじめました。1990年代（平成）になると、21世紀に向けての事業としてバイオテクノロジー研究はさらに進みます。研究はしょうゆ製造にも逆に応用され、さまざまなしょうゆ加工品の開発にもつながっています。バイオテクノロジーは、現在では、健康食品の研究、開発とも密接なつながりをもち、キッコーマンの中核事業のひとつとなっています。

*1 生物学の知識をもとに、社会に有用な利用法をもたらす技術のこと。みそやしょうゆなどに代表される醸造や発酵関連の技術が最初に研究された。

ルシフェラーゼをつかった衛生検査キット

キッコーマンは1988（昭和63）年に、ゲンジボタルを利用した生物発光酵素「ホタルルシフェラーゼ」*2の量産に成功。それによって、食品の安全検査の効率化に大きな進歩をもたらしま

*2 ルシフェラーゼは、バクテリアやホタルなどが発光するときの化学反応を触媒する酵素。

▶ルシフェラーゼによって発光するホタル。

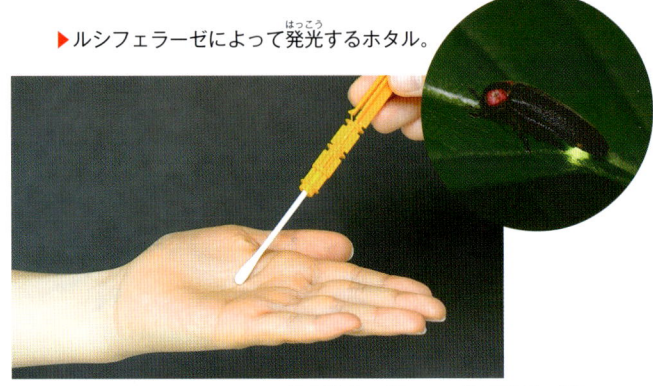

▲▼ルミテスターをつかった、手指検査（上）と、検査結果を表すグラフ（下）。手洗い後の発光量が下がっていることがわかる。

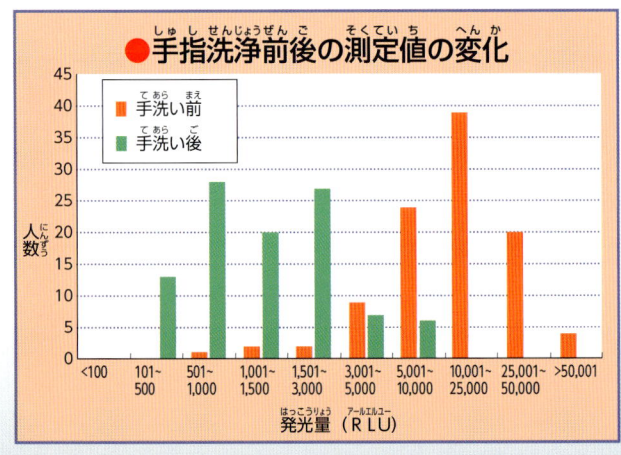

●手指洗浄前後の測定値の変化

▲1992（平成4）年に野田産業科学研究所創立50周年を記念して開催された、「バイオテクノロジー教室」。

した。安全検査には通常、寒天をつかって数日間から1週間ほど菌を培養＊することが必要でしたが、ルシフェラーゼを用いて発光させることで、生物エネルギーや微生物の汚れを光の量として判別できるようになり、検査時間を大はばに短縮できるようになったといいます。研究は検査のための試薬や、検査キットの開発にもつながりました。

＊栄養、温度などの条件をととのえて、人工的に発育、増殖させること。

バイオテクノロジーを利用して

キッコーマンのグループ企業であるキッコーマンバイオケミファ株式会社では、伝統的な微生物発酵技術にバイオテクノロジー技術を加えて、ヒアルロン酸を製造しています。高純度のヒアルロン酸は、化粧品の保湿剤（はだのハリやうるおいをたもつ物質）として、国内だけでなく世界じゅうの化粧品メーカーで利用されています。人工的なヒアルロン酸のなかには、食用に適さないものもありますが、キッコーマンが製造するものは、安全性が証明されているので、化粧品のほか、関節炎や眼科手術などの医薬用として、また健康食品用の素材としても注目されているといいます。

キッコーマン ミニ事典

ヒアルロン酸とはなに？

ヒアルロン酸は、人や動物のからだのあちこちに存在する、ぬるぬるしたねばりけのある液体で、多糖類＊の1種。もともと、人間のからだには多くふくまれている物質だが、年を取るにつれて、だんだんと失われていく。日本では1980年代後半から、肥満や高齢などのためにおこるひざの関節炎の治療薬としてつかわれはじめた。ヒアルロン酸を多くふくむものとしてはニワトリのトサカが知られており、中国やフランスでは古代から高級な食材だったという。しかしそのような天然ヒアルロン酸は、量が少なく高価なため、人工的に開発されたヒアルロン酸がじょじょに利用されるようになった。

＊水にとけて、あま味をもつ糖類のなかで、ブドウ糖など、それ以上分けられない単糖類がまとまったもの。セルロースやデンプンなど。

▲ヒアルロン酸の水溶液。

◀キッコーマンバイオケミファが製造する、ヒアルロン酸などをふくむ健康補助食品「低分子ヒアルロン酸のちから」。

14 キッコーマンのブランド戦略

あらたなスローガンをかかげる、いろいろな形で日本の食文化を紹介する、イベントに参加するなど、すべては、キッコーマンが日本のブランドから国際的なブランドに成長するための戦略だ。

コーポレートアイデンティティーの導入

キッコーマングループには従来から、キッコーマン、マンジョウ*1、デルモンテ、マンズワインの4つの自社ブランドがありました（近年、これに豆乳事業が加わった）。グループのイメージを統合するために、1987（昭和62）年に総合食品メーカーとしてのコーポレートアイデンティティー*2を導入しました。さらに、消費者にアピールするため、「食の、あたらしい風」というスローガンもかかげます。その後2008（平成20）年に、世界に発信する国際企業として、新しいコーポレートブランドを導入し、スローガンも「おいしい記憶をつくりたい。」としました。スローガンは新聞広告やテレビコマーシャルなどでさかんにつかわれ、人びとにキッコーマンのイメージを浸透させていきました。

*1 マンジョウ（万上）本みりんは、1917（大正6）年の野田醤油株式会社設立時の8家のひとつ、堀切家がもともと製造していたもの。

*2 企業を象徴する色や形で、企業の独自性を表すもの。

◀現在販売されている「マンジョウ芳醇本みりん1Lボトル」。

▲キッコーマンの現在のコーポレートマーク。2008（平成20）年に改定された。

※豆乳につかわれているマーク

▲キッコーマン❶、マンジョウ❷、デルモンテ❸、マンズワイン❹の従来の4つのブランドに、豆乳事業が加わった。

実演販売とレシピの開発

アメリカでしょうゆの販売をはじめたころから（→p14）、キッコーマンでは販売促進のためにしょうゆをつかって肉を焼く調理法を実演し、レシピ（料理の材料と調理法）を開発し、提案することを進めてきました。とくに、しょうゆなどの日本的な調味料を外国で売りこむために、現地の料理にしょうゆを加えることでいっそう味わい深くなることをうったえました。

国内でも、主婦を対象に料理教室を開くなど、料理法を紹介するさまざまな機会をもうけてきました。近年ではインターネットなどを通じて数多くのレシピを紹介しています。キッコーマン

見学！日本の大企業 **キッコーマン**

▲アメリカではスーパーなどで、実演販売をさかんにおこなった。1964（昭和39）年ごろ。

▼1970（昭和45）年の大阪万博に出店した水中レストランの内部。

のホームページを開くと、しょうゆからワインにいたる商品の一つひとつにレシピがそえられ、『ホームクッキング』というページにも数えきれないほどのレシピが紹介されています。キッコーマンがレシピの紹介に力を入れるのは、さまざまな食材をつかい、栄養のバランスよく、おいしく食べることを将来に残していこうと考えているからです。

ランを開きました。肉料理のステーキなどとしょうゆとの相性のよさを紹介したり、マンズワインやデルモンテ製品をアピールしたりすることができたといいます。

さらに、2010（平成22）年の上海万国博覧会では、日本産業館のなかで料亭「紫 MURASAKI」を出店。5つの個室から日本庭園がながめられる「紫」では、京都の名店から集められた料理人が懐石料理にうでをふるいました。中国で、本格的な日本料理をはじめて味わう人も多く、大好評を得たといいます。

▲キッコーマン・ホームページ『ホームクッキング』にあるレシピの一例。

万博への参加

キッコーマンは明治時代（1868～1912年）以降、万国博覧会（万博）などの大きなイベントに参加することが何度かありました（→p7）。1970（昭和45）年に大阪で開催された日本初の万博では、魚が回遊する水槽のある水中レスト

▶料亭「紫」では、日本式の訓練を受けた中国人のスタッフが客をもてなした。

15 キッコーマンの社会活動

会社設立から100年をむかえようとするキッコーマンでは、地域に貢献することをつねに目標のひとつとしてきた。食品を提供するメーカーとして積極的に地域社会にかかわるために、ユニークな活動にも取りくんでいる。

地域に根づいた総合病院

キッコーマンは、自社の名まえがついた病院をもっています。食品メーカーが経営する病院としては、全国でただひとつのものです。

その起源は1862年の江戸時代末期に、野田のしょうゆ醸造家が養生所（医療施設）をもうけたことにさかのぼるといいます。その後1914（大正3）年に「野田病院」を開設し、従業員の健康管理を助けました。それは1973（昭和48）年に「キッコーマン総合病院」となり、現在では地域の人びとのための総合診療をおこなう病院となっています。実は、病院がある千葉県野田市には、市民病院と名のつく病院がありません。それは、キッコーマン病院が市民病院のような役割をはたしてきたことのあらわれです。

▲キッコーマン総合病院は2012（平成24）年6月に新病院が竣工。キッコーマンの現在のシンボルカラーであるオレンジ色がつかわれている。

食育と出前授業

2005（平成17）年に制定された食育基本法では、食育とは、「健全な心と身体を〔もって〕未来や国際社会に向かって羽ばたく」子どもたちをそだてることであり、そのためには「『食』が重要」と宣言しています。キッコーマンでは、基本法成立前、独自の食育宣言のなかで、「食でこころをいっぱいに」「食でからだを大切に」「食で地球のみんなをしあわせに」という3つのスローガンをもうけました。実際に、この法律ができる以前から子どもたちや大人たちに向けた活動を通じて「食育」を実践してきています。

ユニークな活動のひとつが、2005（平成17）年からおこなわれている出前授業です。申しこみを受けた学校で、キッコーマンの社員が講師と

▲1914（大正3）年1月の設立当時の「野田病院」。

見学！日本の大企業　キッコーマン

▲キッコーマンの社員による出前授業のようす。

またトマトの皮やブドウの種からは、いくつかの有効成分を取りだすことに成功し、健康食品の開発などにつなげています。余分な廃棄物を出さず、環境に貢献することもキッコーマンの使命だと考えているのです。

▲トマトの皮から取りだした、物質でつくった栄養食品、「トマトのちから」。

なって、「キッコーマンしょうゆ塾」と名づけた授業をおこないます。内容は、しょうゆの原材料、しょうゆができるまで、しょうゆがつかわれている食品、などで、しょうゆだけでなく、食事をおいしく食べることが心とからだの成長につながることを子どもたちは学びます。多くの社員が全国の学校で授業をおこなっています。食育活動はそのほかにも、しょうゆ工場の見学（→p34）やレシピの提案など、実にさまざまです。

環境問題への取りくみ

大豆と小麦からしょうゆを、トマトからケチャップなどを製造するとき、かならず廃棄物が生じます。廃棄物は環境問題をおこすことがあります。しかし廃棄物でもまだつかえる成分が残っていることが多く、キッコーマンではさまざまな利用法を研究し、有効に利用しています。

しょうゆづくりでもろみ（→p34）をしぼったあとに残ったしょうゆかすは、古くから家畜の飼料として利用されてきました。燃料や製紙の材料として利用することもおこなわれてきましたが、現在ではほぼ100％が飼料として再利用されています。しょうゆをしぼったあとにとり除かれるしょうゆ油は、近年、養殖魚の飼料としての用途が開発されました。

キッコーマン ミニ事典

キッコーマンが節塩の提案？

食事の塩分をへらそうとするときに、料理につかうしょうゆの量をへらそうとすることがよくある。ところが、しょうゆにはあま味やうま味がふくまれているため、上手につかえば逆に塩分の調節が適切にできるという。キッコーマン総合病院では、うす味でおいしくないというイメージの病院食を、おいしいものに改善することに心がけてきた。味にめりはりをつけた献立で変化をつけ、食を通して患者さんの病気回復に貢献しようとするものだ。最近、その「節塩」のくふうやコツを、一般の家庭でできる料理法として紹介することもはじめた。

▲キッコーマン総合病院監修の本、『はじめての節塩定食』（ポプラ社）の表紙（左）と紹介されたレシピの例。

資料編❶

しょうゆができるまで

キッコーマンでは、しょうゆ工場の見学を常時受けいれている。しょうゆの製造工程を知るだけでなく、実際にしょうゆづくりを体験することもできる。

■もの知りしょうゆ館と工場見学

野田工場内にある「もの知りしょうゆ館」では、しょうゆの製造工程を映像と展示で紹介しています。さらに食育活動のひとつとして、しょうゆづくりを体験することができます。しょうゆがどのように製造されるのか確かめましょう。

▲もの知りしょうゆ館の入口（右）。写真左奥は大豆サイロ。

■しょうゆの製造工程

 **1 原料**　しょうゆの原料は、大豆、小麦、食塩。

 **2 しょうゆこうじづくり**　大豆をやわらかくむし、小麦をいって細かくくだいてまぜる。それにこうじ菌を加えて、「しょうゆこうじ」*をつくる部屋に運び、3日間かけてつくる。これがしょうゆづくりの第一歩。

＊こうじ菌はむし暑いところを好むため、しょうゆこうじをつくる部屋の温度は32℃くらい、湿度は100％近くにたもつ。

3 しこみ作業　できあがったしょうゆこうじに食塩水をまぜ、「もろみ」をつくる。もろみは時間をかけて発酵する。むかしは木のおけをつかっていたが、現在は大型のタンクがつかわれている。

◀むかしのしこみ作業のようす。

▲こうじ菌がついてやわらかくなったしょうゆこうじ。

▲▶もろみを熟成させるしこみタンク（下）と、熟成したもろみ（右）。

▲昔の、しょうゆこうじをつくる部屋（上）。現在では右のような製麹室でしょうゆこうじをつくる。

見学！日本の大企業 **キッコーマン** 資料編

4 しぼる（圧搾）

もろみからしょうゆをしぼる。大きな布にもろみを入れ、平らにのばす。これをくり返して何段にも高く積みあげる。もろみの重さで自然にしょうゆがにじみでてくる。さらに、上からゆっくりと機械で圧力をかけると、また少しずつしょうゆがにじみでてくる。

◀むかしは手作業でもろみを布に入れて、しぼった。

▶しぼりたての生しょうゆ。

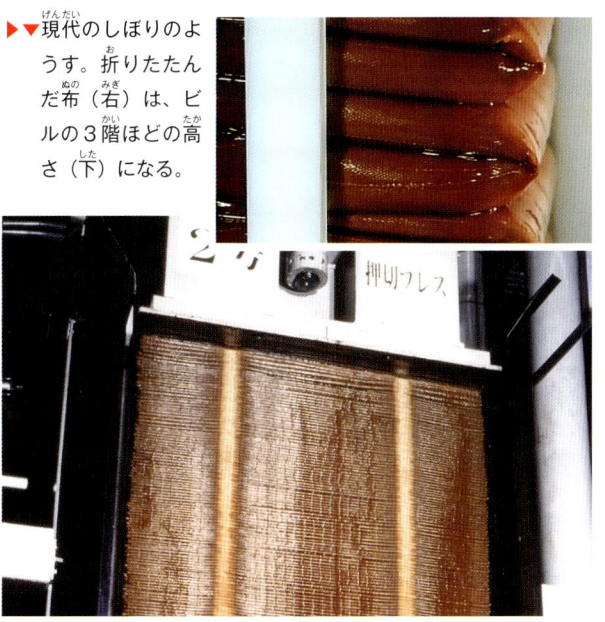

▶▼現代のしぼりのようす。折りたたんだ布（右）は、ビルの３階ほどの高さ（下）になる。

5 火入れ

生しょうゆの表面にういた油をとり除いてから、熱を加えて殺菌し、色やかおりを整える。この工程が、しょうゆづくりのしあげになる。

▲火入れをおこなう機械。

6 容器づめ

完成したしょうゆをペットボトルなどの容器につめて、キャップをしめ、ラベルをはる。

▲オートメーションでボトルにつめられたしょうゆに、ラベルがはられる。

7 出荷

箱づめされて、全国へ出荷される。

■ しょうゆづくり体験　※事前の申しこみが必要。

製造工程の見学と同時に、1時間ほどかけてしょうゆづくりを体験することができます。

▲原料に触れる

▲「こうじ」をもりこむ

▲「もろみ」を観察する

▲「もろみ」をしぼる

資料編❷

しょうゆ産業の現在

さまざまな分野に進出しているキッコーマンだが、いまでもその象徴はしょうゆだ。
生産量のうつり変わりをみると、キッコーマンが着実に成長してきたことがわかる。

■しょうゆ販売量のうつり変わり

1970年代ごろから、日本人の食生活の変化などで、国内のしょうゆの販売量がのびなやんできたのは、グラフを見れば明らかです。近年では、しょうゆメーカーの数も大きくへっています。キッコーマンは、しょうゆ関連調味料の展開や海外への進出など、先を見通した経営によって、困難な状況のなかでも着実に会社の業績をのばしてきました。

●国内のしょうゆ各社の売上割合（2012年）

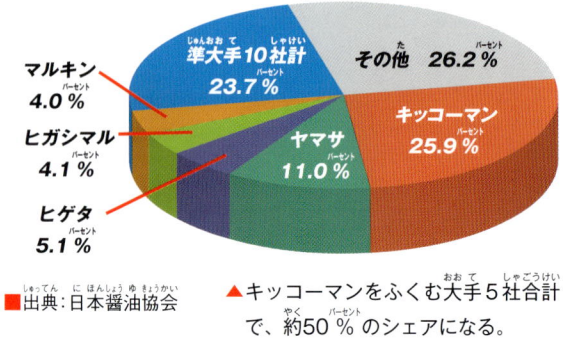

■出典：日本醤油協会

▲キッコーマンをふくむ大手5社合計で、約50％のシェアになる。

●全国のしょうゆ出荷数量のうつり変わり（1945～2012年）

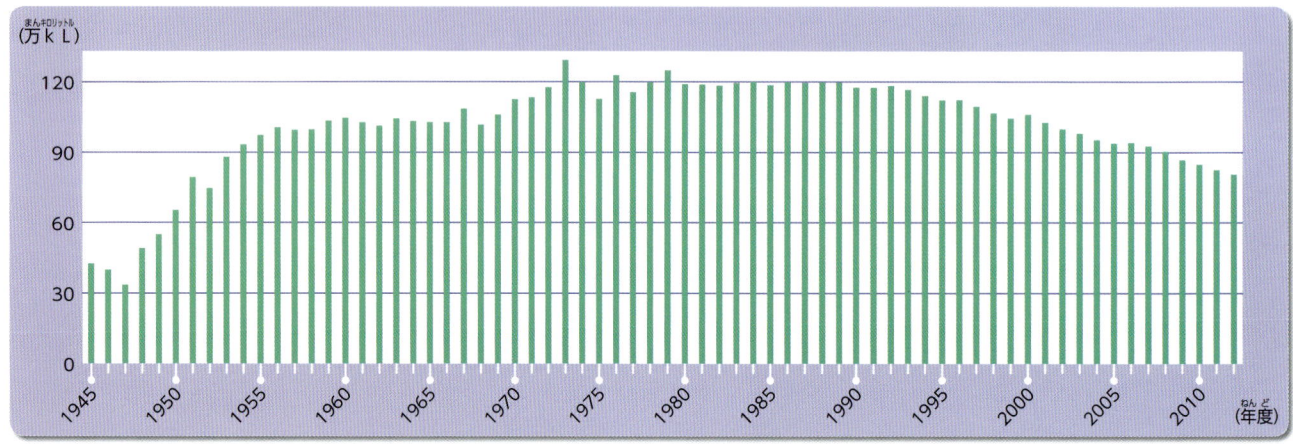

■出典：日本醤油協会

●国内のしょうゆメーカー数のうつり変わり（1965～2011年）

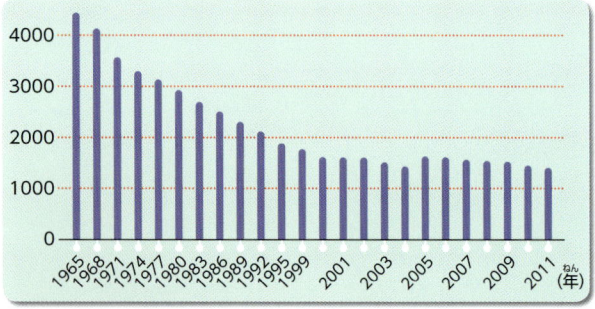

■出典：日本醤油協会

●海外のキッコーマングループのしょうゆ類の販売量のうつり変わり（1974～2012年）

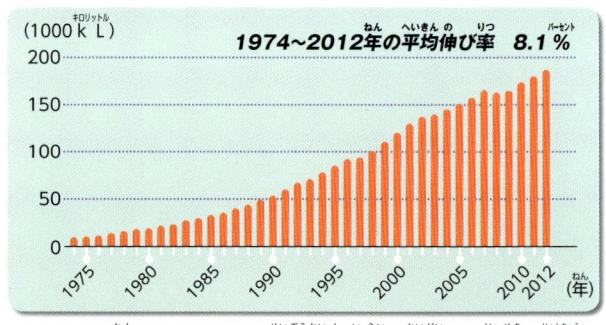

▲1973年のアメリカでの製造開始以来、海外での実績は順調にのびている。

見学！日本の大企業 **キッコーマン** 資料編

■しょうゆ生産量のおもな記録（2015年度）

1 しょうゆ生産量の上位10県のなかで、キッコーマンの工場がある千葉県と兵庫県で生産量全体の半分ほどをしめている。

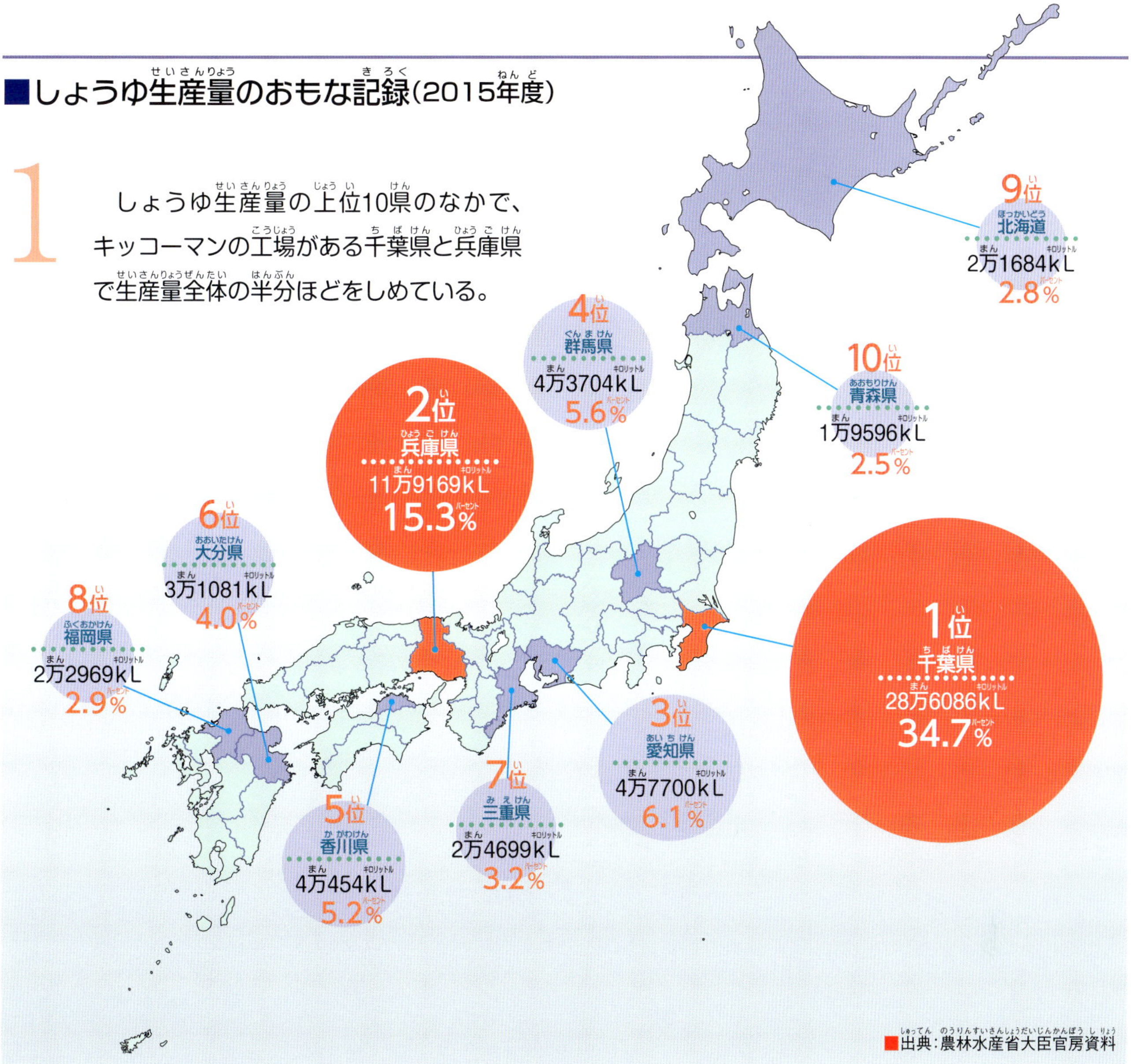

- 9位 北海道 2万1684kL 2.8%
- 10位 青森県 1万9596kL 2.5%
- 4位 群馬県 4万3704kL 5.6%
- 2位 兵庫県 11万9169kL 15.3%
- 6位 大分県 3万1081kL 4.0%
- 8位 福岡県 2万2969kL 2.9%
- 1位 千葉県 28万6086kL 34.7%
- 3位 愛知県 4万7700kL 6.1%
- 7位 三重県 2万4699kL 3.2%
- 5位 香川県 4万454kL 5.2%

■出典：農林水産省大臣官房資料

2 2012（平成24）年の日本全体のしょうゆ出荷総量（80万7千kL）は、1Lペットボトルで立ててならべると、東海道新幹線で東京～新大阪間を53往復する長さになる。そのうちでキッコーマンは16往復分。

東京 — キッコーマン 16往復 / 53往復 — 大阪

さくいん

ア
- 赤キャップ ……………………………… 20
- アップルトン女史 ………………… 12, 13
- アミノ酸 ………………… 10, 11, 13, 27
- イノシン酸 ……………………………… 22
- ウィスコンシン州ウォルワース ……… 15
- うちのごはん …………………………… 23
- うま味 ………… 10, 18, 19, 22, 23, 26, 27, 33
- 江戸川 …………………………………… 5, 11
- 大阪万博 ………………………………… 31

カ
- 懐石料理 ………………………………… 31
- 鎌倉時代 ………………………………… 5
- 紙パック ………………………………… 21
- カリフォルニア州 ……………………… 16
- 感覚器官 ………………………………… 27
- 関東大震災 ……………………………… 10
- 官能検査 ………………………………… 27
- 亀甲萬 …………………………………… 7
- キッコーマン菌 ………………………… 27
- キッコーマン総合病院 ……………… 32, 33
- キッコーマン・デー …………………… 17
- キッコーマン・フーズ・インコーポレーテッド …… 15
- 下りしょうゆ …………………………… 6
- グッド・デザイン商品 ………………… 20
- グルタミン酸 …………………………… 22
- 訓示 ……………………………………… 8
- 減塩しょうゆ ………………………… 17, 19
- ゲンジボタル …………………………… 28
- こうじ（菌） ……………… 4, 27, 28, 34
- 酵素 …………………………………… 27, 28
- コプラミール …………………………… 11
- 御用蔵 …………………………………… 11
- 御用醤油醸造所 ……………………… 11, 18
- 混合醸造方式 …………………………… 11
- 混合方式 ………………………………… 11

コ
- コンプラびん …………………………… 7

サ
- 最上醤油 ……………………………… 6, 13
- 醤 ………………………………………… 4
- 上海万国博覧会 ………………………… 31
- 醸造 ……………… 5, 6, 7, 8, 9, 10, 11, 12, 13, 18, 22, 27, 28, 32
- しょうゆ関連調味料 ………………… 22, 36
- 食育 …………………………………… 32, 33
- 新式1号醤油製造法 ………………… 11, 12
- 新式2号醤油製造法 ……………… 12, 13, 18
- 節塩 ……………………………………… 33
- ソイ・ソース …………………………… 5
- ソース ………………………………… 5, 21
- 即席だし ……………………………… 19, 22

タ
- 大豆 ………………… 4, 5, 10, 11, 27, 33, 34
- 大豆ミール ……………………………… 12
- 代用原料 ………………………………… 11
- 多角化 …………………………………… 24
- 高砂工場 ………………………………… 9
- 高梨家 …………………………………… 6
- 脱脂加工大豆 ………………………… 10, 11, 18
- たれ …………………………………… 22, 23
- タンパク質 …………………………… 10, 27
- 窒素 …………………………………… 11, 27
- 銚子 ……………………………………… 6
- 調味料 ……………… 4, 14, 18, 22, 26, 30
- つゆ …………………………………… 22, 23
- 出前授業 ………………………………… 32
- Teriyaki ………………………………… 15
- デルモンテ ………………… 24, 25, 30, 31
- 添加物 ………………………………… 18, 19
- でんぷん ………………………………… 27
- 東京オリンピック ……………………… 25

当主 ････････････････････････････････ 7	マンズワイン ････････････････ 25, 30, 31
豆乳 ･･･････････････････････････････ 30	マンパック ････････････････････････ 21
東武鉄道野田線 ････････････････････ 9	萬味 ･･････････････････････････････ 22
徳川幕府 ･･･････････････････････････ 6	紫 ････････････････････････････････ 31
トマト ･･････････････････････ 24, 25, 33	銘柄 ･･･････････････････････････････ 6
	めんみ ････････････････････････････ 22
## ナ	茂木家 ･････････････････････････････ 6
ナショナルブランド ･･･････････････ 8, 9	茂木啓三郎 ････････････････････････ 15
生しょうゆ ･･････････････････････ 18, 19	茂木佐平治 ･････････････････････････ 7
野田（市）･････････････････････ 5, 6, 7, 9	ものしりしょうゆ館 ･･･････････････ 34
野田キッコ ････････････････････････ 13	もろみ ･･････････････ 8, 19, 33, 34, 35
野田工場 ･･･････････････････ 8, 11, 34	
野田醤油株式会社 ･･････････････ 5, 7, 8	## ヤ
野田醤油醸造組合 ･･････････････････ 9	薬用しょうゆ ･･････････････････････ 19
野田病院 ･･････････････････････････ 32	ヤシ油 ････････････････････････････ 11
	養生所 ････････････････････････････ 32
## ハ	
バイオテクノロジー ･････････････ 28, 29	## ラ
発酵 ･･･････････････････････････････ 4	ルシフェラーゼ ･･････････････････ 28, 29
ヒアルロン酸 ･･････････････････････ 29	レシピ ･･････････････････････ 30, 31, 33
PVC（ポリ塩化ビニール）･･･････････ 21	
火入れ ････････････････････････ 19, 35	## ワ
醤 ･･････････････････････････････ 4, 5	ワイン ･･･････････････････････････ 25, 31
微生物技術 ････････････････････････ 28	和食 ･･･････････････････････････････ 4
百科全書 ･･･････････････････････････ 7	
ピュア・アンド・ナチュラル ･･････････ 18	
ブランド ･･････････ 4, 6, 7, 8, 13, 14, 16, 24, 27, 30	
PET（ポリエチレン・テレフタレート）･･･ 21	
ペットボトル ･･･････････････ 21, 35, 37	
ホームクッキング ･･････････････････ 31	
保健しょうゆ ･･････････････････････ 19	
ぽんずしょうゆ ････････････････････ 23	

マ

丸大豆 ････････････････････････････ 10
丸大豆しょうゆ ････････････････････ 18
マンジョウ ････････････････････････ 30

39

■ 編さん／こどもくらぶ
「こどもくらぶ」は、あそび・教育・福祉の分野で、こどもに関する書籍を企画・編集しているエヌ・アンド・エス企画編集室の愛称。図書館用書籍として、以下をはじめ、毎年5～10シリーズを企画・編集・DTP製作している。
『家族ってなんだろう』『きみの味方だ！ 子どもの権利条約』『できるぞ！NGO活動』『スポーツなんでも事典』『世界地図から学ぼう国際理解』『シリーズ格差を考える』『こども天文検定』『世界にはばたく日本力』『人びとをまもるのりもののしくみ』『世界をかえたインターネットの会社』（いずれもほるぷ出版）など多数。

■ 写真協力（敬称略）
キッコーマン株式会社、
アートギャラリー甲比丹、木嶋こうじ店、フォトライブラリー
© hanabiyori
© Pixel Embargo
© eyeblink-Ftolia.com

■ デザイン・DTP
吉澤光夫

■ 企画・制作
株式会社エヌ・アンド・エス企画

この本の情報は、2013年12月までに調べたものです。
今後変更になる可能性がありますので、ご承承ください。

見学！ 日本の大企業 キッコーマン

初　版	第1刷 2014年2月20日
	第2刷 2017年1月15日
編さん	こどもくらぶ
発　行	株式会社ほるぷ出版
	〒169-0051 東京都新宿区西早稲田2-20-9
	電話　03-5291-6781
発行人	高橋信幸

印刷所　共同印刷株式会社
製本所　株式会社ハッコー製本

NDC608　275×210mm　40P　ISBN978-4-593-58690-5

落丁・乱丁本は、購入書店名を明記の上、小社営業部宛にお送りください。送料小社負担にて、お取り替えいたします。